MW00900167

Printed By CreateSpace, An Amazon Company

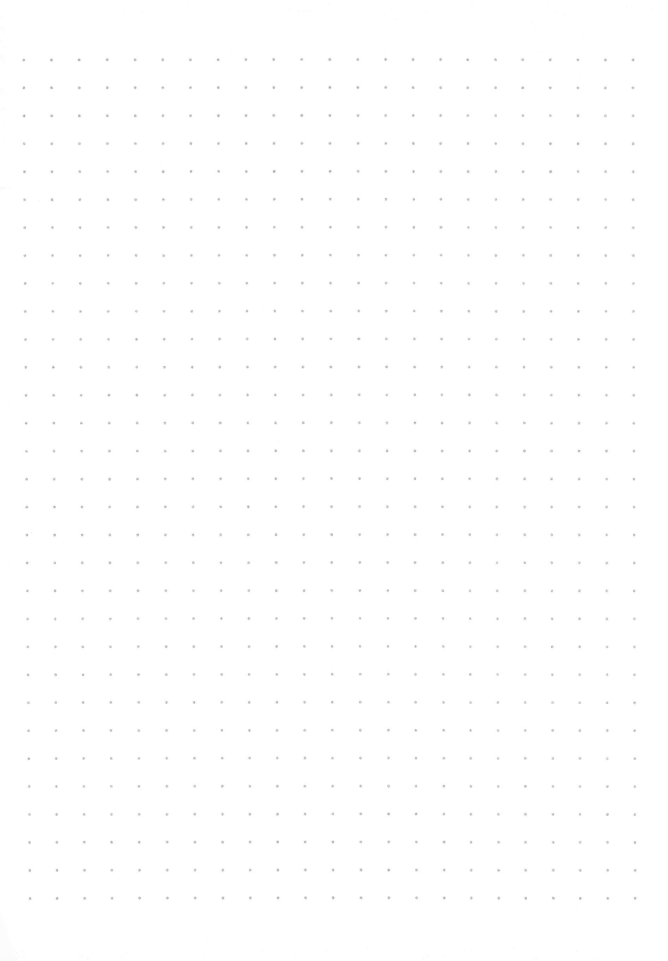

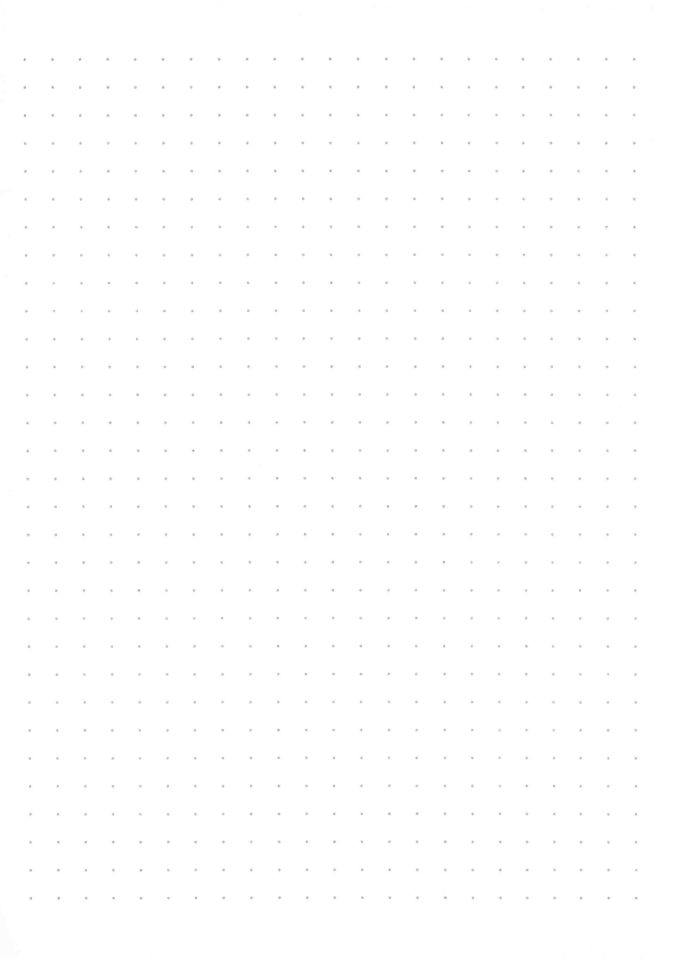

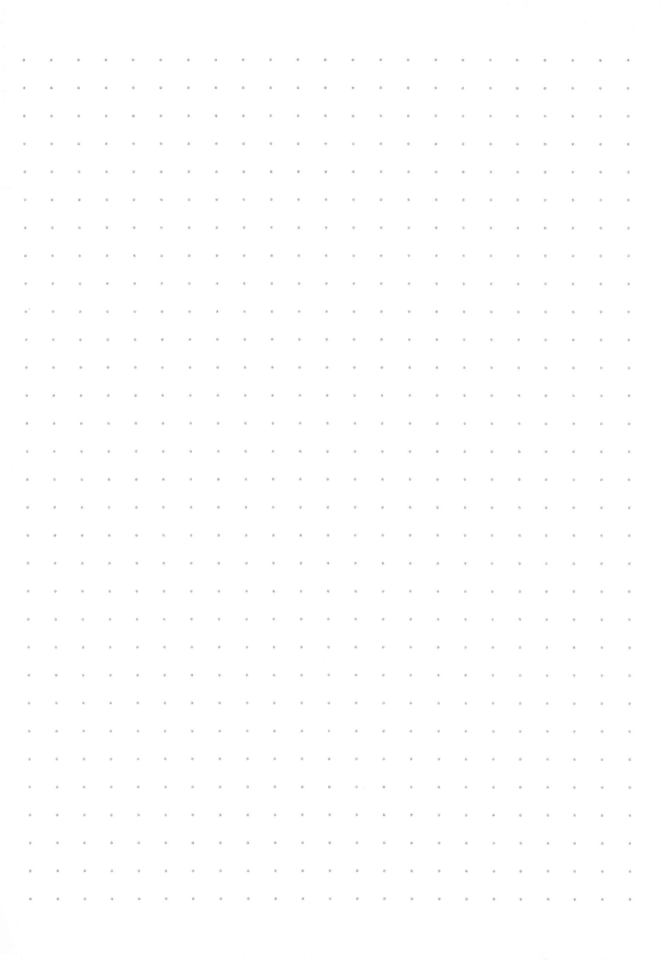

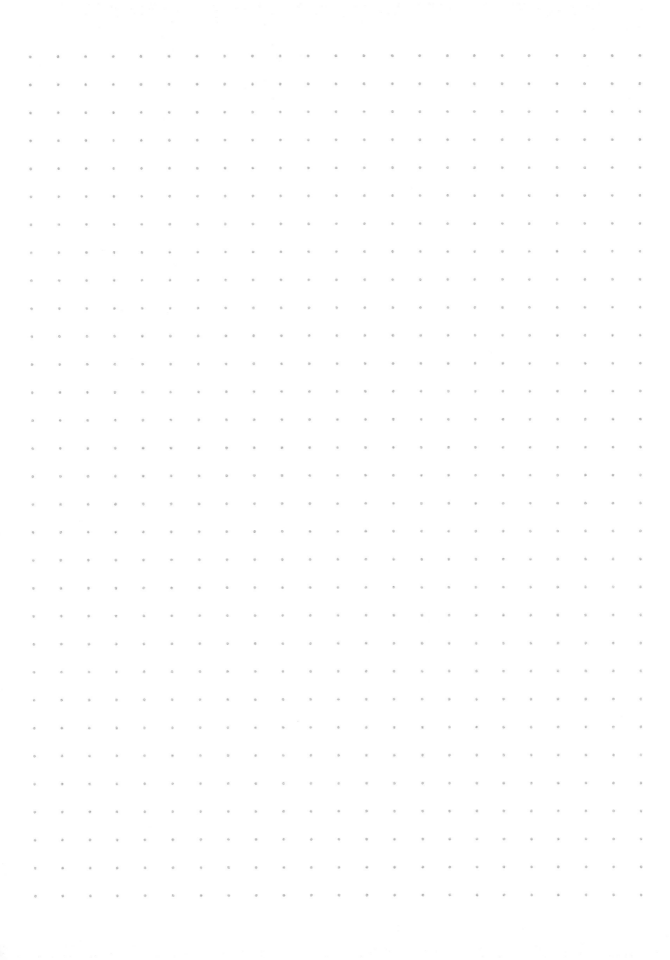

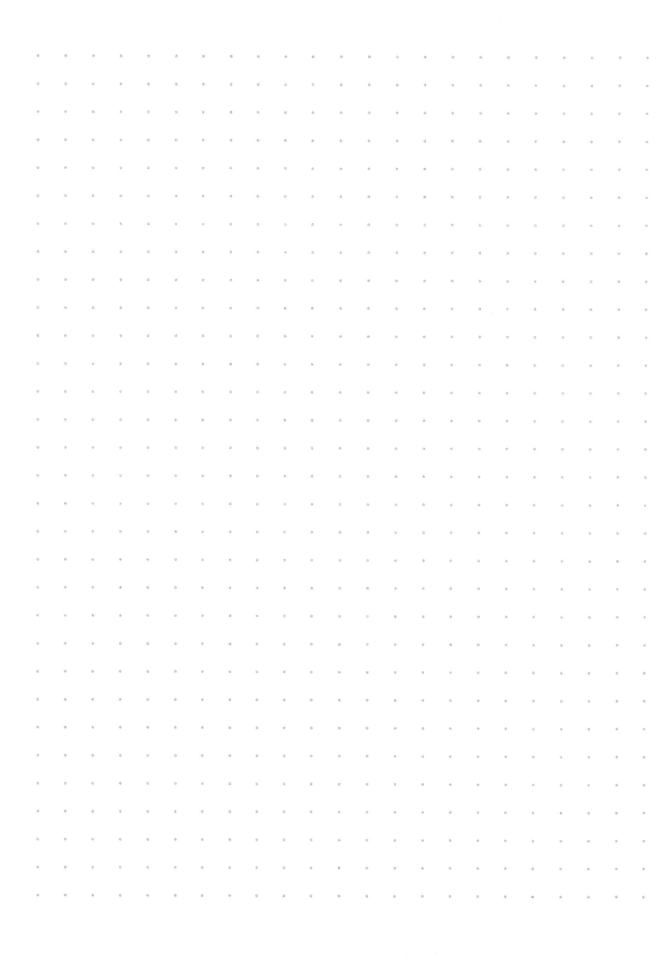

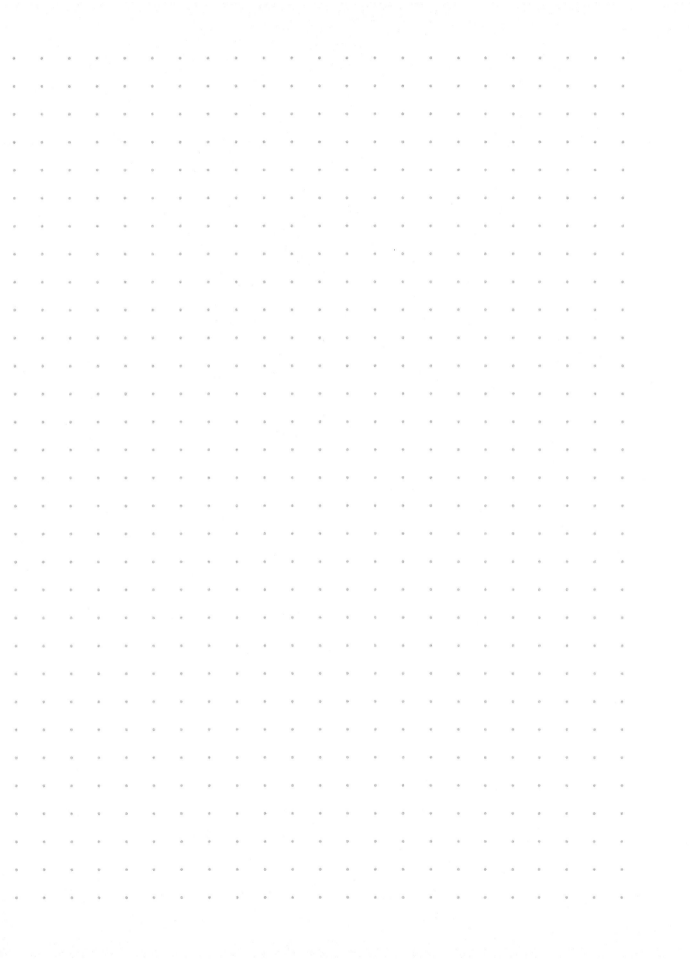

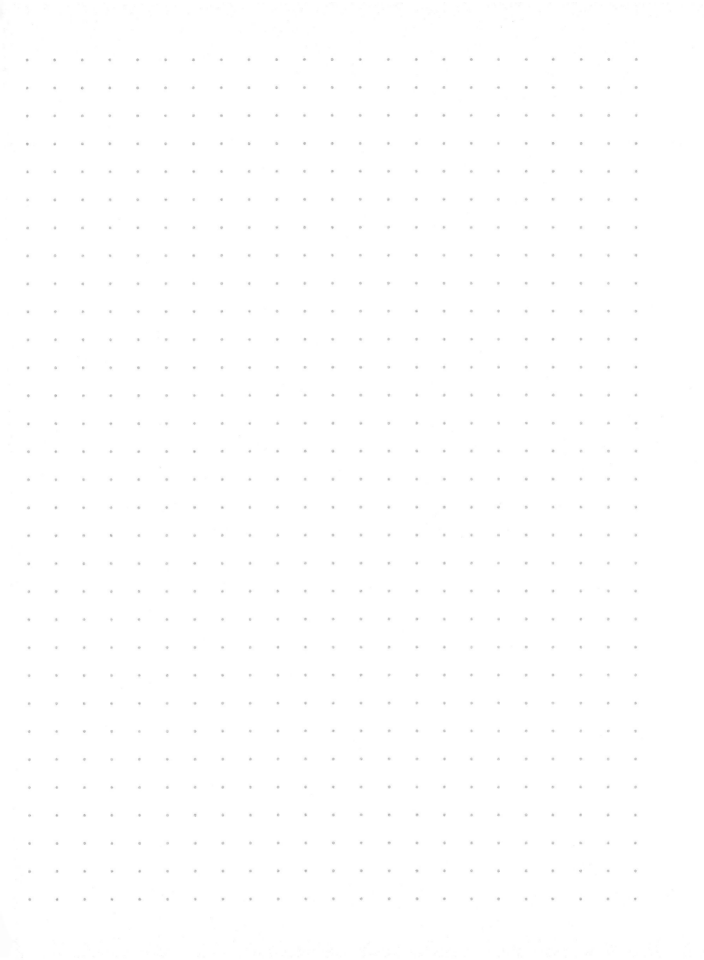

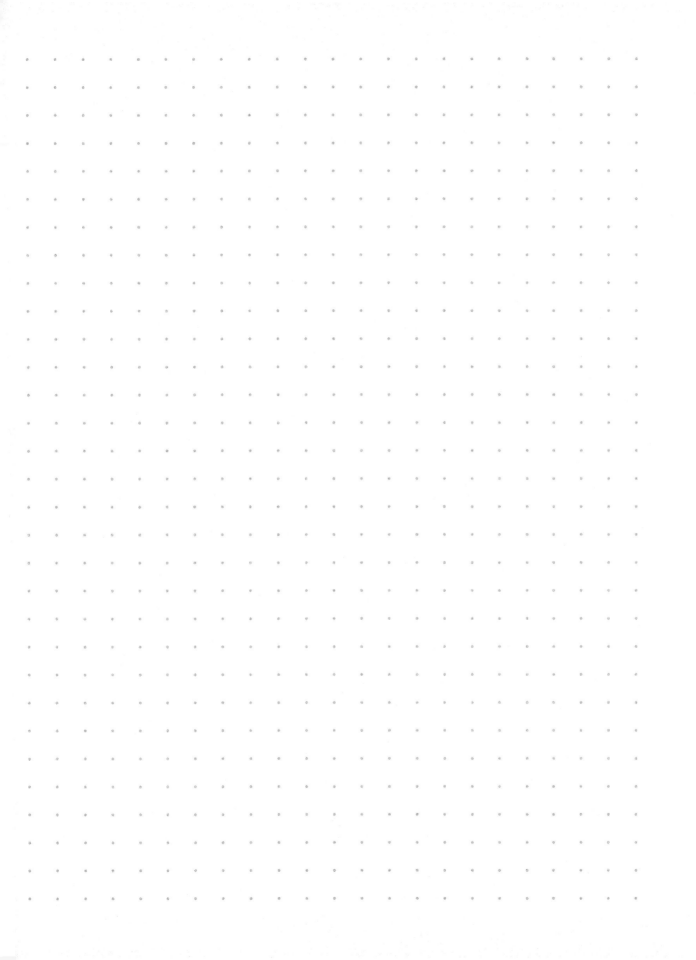

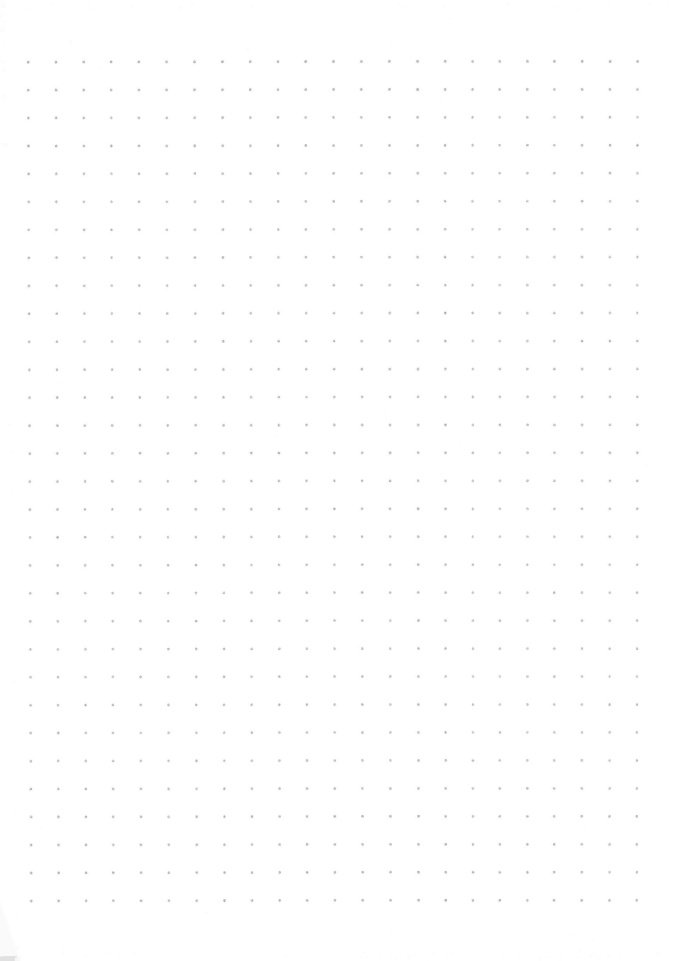

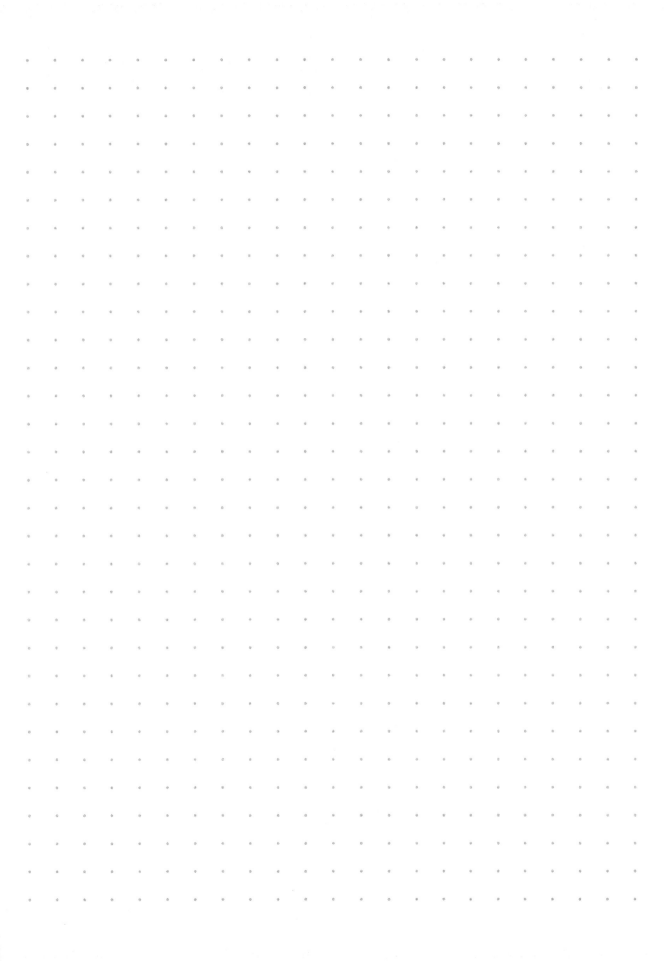

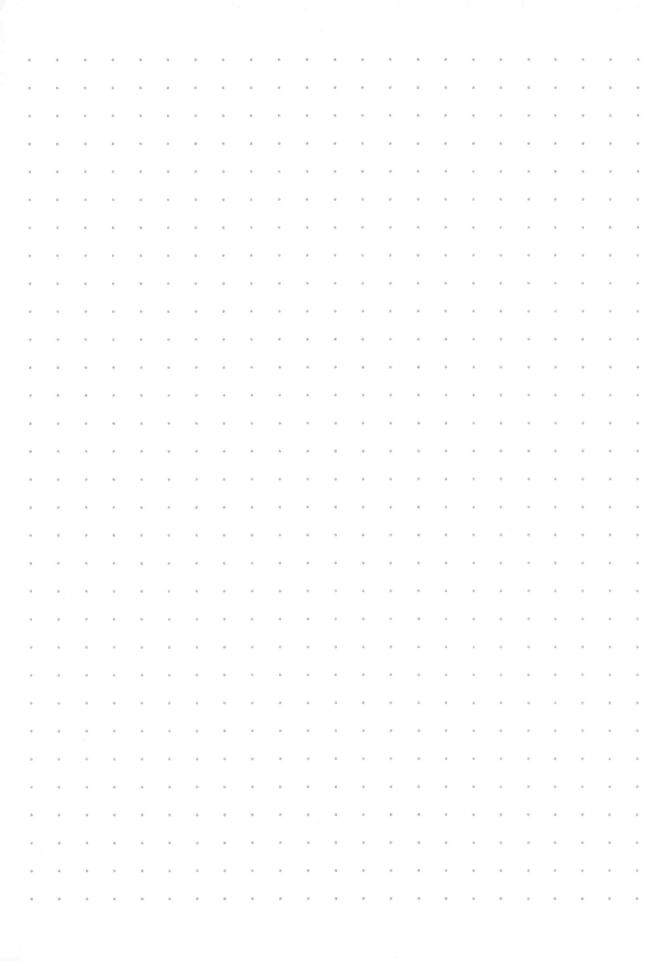

Made in the USA
Monee, IL
22 August 2021

76246250R10077